Bibliographic information published by the German National Library:

The German National Library lists this publication in the National Bibliography; detailed bibliographic data are available on the Internet at http://dnb.dnb.de .

Imprint:

Copyright © 2017 GRIN Verlag, Open Publishing GmbH
Print and binding: Books on Demand GmbH, Norderstedt Germany
ISBN: 9783668602656

This book at GRIN:

https://www.grin.com/document/384414

Juan Pablo García Delgado

Propuesta de mejora continua en el sistema de estaciones de edificación

GRIN Publishing

Propuesta de mejora continua en el sistema de estaciones de edificación

García Delgado Juan Pablo.

Universidad Politécnica de Aguascalientes

Resumen

Grupo Soldi, Servicios y Bienes Estratégicos, S.A. de C.V. es una empresa dedicada a la construcción de viviendas, con una amplia variedad de estilos y presupuestos de casas, en diferentes ciudades de la República Mexicana, entre ellas Aguascalientes.

En esta empresa se tiene la problemática de que los contratistas que están encargados de la edificación de las viviendas tardan en completar un frente constructivo en su totalidad, ya que la mayoría de las veces se ha tenido que prolongar los tiempos de edificación al contratista, para completar los dichos frentes a un 100%.

Esta empresa busca la mejora continua, y con ello entregar productos de alta calidad, en el menor tiempo posible, para que el cliente este satisfecho en su totalidad y con ello tener mejor recomendación de los mismos clientes a círculos sociales, familiares, amigos, etc. Para que estos sean futuros clientes potenciales, con ello tener mayor índice de ventas y la empresa tenga solvencia para ir creciendo en el mercado.

Sus objetivos principales de esta empresa es, implementar nuevos formatos para la logística y suministro de materiales, y la modificación de sistema de estaciones de edificación, ya que en base a esto se podrán mejorar los tiempos de entrega de las viviendas, y la calidad del producto final, para que la empresa siga creciendo.

Índice

Índice de Términos

- CONTRATISTAS
- Son las empresas constructoras, medianas que contrata Grupo Soldi para la construcción de las viviendas.
- EDIFICACION
- Construcción de las viviendas de un 0% a un 100%.

- FRENTE CONSTRUCTIVO
- Es un conjunto de viviendas que se le asignan a un contratista para que este las construya en su totalidad.
- DIAGRAMA DE ISHIKAWA
- El diagrama de Ishikawa o diagrama de causa y efecto, consiste en una representación gráfica que permite visualizar las causas que explican un determinado problema, lo cual la convierte en una herramienta de la gestión de la calidad ampliamente utilizada dado que orienta la toma de decisiones al abordar las bases que determinan un desempeño deficiente.

- SISTEMA DE ESTACIONES
- Es el formato con el que el contratista se guía para saber en qué orden y con cuanto tiempo cuenta, para llevar a cabo cada tarea.

Introducción

Debido a que los contratistas se han tardado en la entrega de los frentes constructivos de las viviendas, existe una gran problemática en la empresa, ya que casi siempre se han tenido que prolongar los tiempos de cierre de frente ya que los contratistas se quejan a los tiempos y acomodo del sistema de estaciones.

Después de haber implementado un Diagrama de Ishikawa para visualizar las posibles áreas de oportunidad que tiene la empresa, partiendo de la problemática inicial, el formato de sistema de estaciones, debido a que es con este formato es con el que se guían los contratistas para llevar a cabo la edificación de las viviendas, se pudo dar dos propuestas para la mejora de este sistema, con formatos y modificaciones que dependen directamente de la empresa, Grupo Soldi, en las cuales podrán obtener los siguientes beneficios:

Minimizar garantías.

- Se reducirá el número de garantías por frente, hasta que este sea prácticamente nulo.
- Se tendrán clientes satisfechos por la calidad de sus viviendas.

Maximizar calidad.

- Mínimo detalles en viviendas.
- Clientes satisfechos.

Mejor logística y control de materiales.

- Tiempos reales de entrega de materiales.
- Mejor inventario de materiales.

Mejor eficiencia en la empresa.

- Medición a contratistas.
- Autoevaluación como empresa.

Sumersión Al Tema

Con ayuda del diagrama de Ishikawa como ya se había mencionado anteriormente en el artículo se pudo visualizar de mejor manera las áreas de oportunidad que se tiene en la empresa, después de este estudio, se llegó a desarrollar dos posibles propuestas para la mejor en dicha empresa, una enfocada a la implementación de nuevos formatos para el suministro de los materiales, y el otro a la modificación de tiempos y acomodos en el sistema de estaciones de edificación que se explicaran a continuación:

Formato Interno De Programacion De Materia Prima (Material, Semanal)

Fecha de elaboracion:____

Frente:____

Jefe de Produccion: ____

Desarrollo: ____

Semana: Del _____ Al_____ de ___________________ del _______

GRUPO SOLDI

Día (en el que se ocupa el material)	Tipo de material	Cantidad del material	Nombre del Contratista que recibirá el Material	Firma del residente contratista	Firma del Jefe de produccion Grupo Soldi

Con este formato anterior se pretende hacer una programación de material semanal, en el cual el contratista deberá de llenarlo al finalizar cada semana, para que este se le sea suministrado a tiempo la siguiente semana los días que él lo indique.

Formato Interno De Programacion De Concreto (Semanal)

Fecha de elaboracion:_______________________________
Frente:_______________________________
Jefe de Produccion: _______________________________
Desarrollo:_______________________________
Semana: Del ____ Al ____ de ________________ del ____

GRUPO SOLDI

Día (en el que se ocupa el concreto)	Horario (propuesto)	Tipo de concreto	Servicio (Bombeado o Tiro directo)	Volumen (Cantidad en M3)	Elemento a colar (Losa de Azote, Cimentacion, Banqueta, Pavimento)	Nombre del Contratista que recibirá el concreto	Firma del residente contratista	Firma del Jefe de produccion Grupo Soldi

Con este formato anterior se podrá suministrar el concreto deseado semanalmente a tiempo y así mismo llevar un control de inventario más exacto, con respecto a las distintas órdenes de compras que tiene la empresa.

Estos dos formatos sin duda ayudaran en cuanto a la referencia de suministro y control de inventarios de la empresa, ya que se tendrá una base de datos reales en el cual guiarse al momento de que se les pregunte cuanto material ha sido suministrado y cuanto no.

También será se suma importancia estos documentos para que dichos materiales estén a tiempo en el desarrollo constructivo que se ocupen y no tener una pérdida de tiempo por estar esperando a que estos sean suministrados.

De igual manera se desarrollaron distintas modificaciones en el sistema de estaciones de edificación para tener un mejor flujo de construcción, se le hicieron las siguientes modificaciones:

*En esta estación 2 solamente se le agregan las pruebas al check-list para saber en qué momento llevarlas a cabo.

		ESTACION 2.
		CIMENTACION
1		EXCAVACION A MANO EN CEPAS
2		CARGA Y ACARREO DE MATERIALES
3		COLOCACION DE CIMBRA FRONTERA
4		COLOCACION DE PLASTICO NEGRO EN PLATAFORMA
5		HABILITADO Y ARMADO DE MALLA 6X6 - 8/8 EN ZAPATAS
6		HABILITADO Y ARMADO DE ARMEX 12X20 - 4 EN ZAPATAS
7		HABILITADO Y ARMADO DE VARILLA TEC 60
8		HABILITADO Y ARMADO DE MALLA 6X6 - 10/10 EN ZAPATAS
9		COLOCACION DE JUNTA CONSTRUCTIVA
10		COLADO, VIBRADO Y CURADO DE CONCRETO PREMEZCLADO
11		INSTALACIONES HIDRAULICAS EN CIMENTACION
12		INSTALACIONES ELECTRICAS EN CIMENTACION
13		LIMPIEZA GRUESA AL FINAL DE LA ESTACION
14		0702-R01 CHECKLIST PARA APROBACION DE COLADO DE LOSA DE CIMENTACION
15		0704-R01 REPORTE DE PRUEBAS A INSTALACIONES (PRUEBA SANITARIA CIMENTACION Y PRUEBA HIDRAULICA CIMENTACION)
16		TESTIGOS DE CILINDROS DE CONCRETO POR LABORATORIO DE MATERIALES

*En las estaciones 3 y 4; De igual manera que la 2 solo se agregan las pruebas para tener una razón de donde se debe de llevar a cabo.

			ESTACION 3.
			MUROS 1RA. ETAPA
46	1		MURO DE BLOCK DE CONCRETO A 6 HILADAS DE ALTURA
47	2		COLADO DE CASTILLOS AHOGADOS
48	3		RANURADO EN MURO PARA B.A.P.
49	4		COLOCACION DE METAL DESPLEGADO EN B.A.P.
50	5		COLADO DE B.A.P.
51	6		LIMPIEZA GRUESA AL FINAL DE LA ESTACION
52	7		PRUEBAS DE BLOCK, ACEROS, MORTEROS Y CONCRETOS
53			ESTACION 4.
54			MUROS 2DA. ETAPA
55	1		MURO DE BLOCK DE CONCRETO COMPLETAR A 12 HILADAS DE ALTURA
56	2		COLADO DE CASTILLOS AHOGADOS
57	3		RANURADO EN MURO PARA B.A.P.
58	4		COLOCACION DE METAL DESPLEGADO EN B.A.P.
59	5		COLADO DE B.A.P.
60	6		CARGA Y ACARREO DE MATERIALES
61	7		INSTALACIONES SANTITARIAS EN MUROS
62	8		INSTALACIONES HIDRAULICAS EN MUROS
63	9		INSTALACIONES ELECTRICAS EN MUROS
4	10		LIMPIEZA GRUESA AL FINAL DE LA ESTACION
	11		PRUEBAS DE BLOCK, ACEROS, MORTEROS Y CONCRETOS

* En esta estación 5; Se agregan las pruebas de instalaciones, check-list del colado de losa de cimentación y los cilindros de concreto como testigos para laboratorio.

	ESTACION 5.
	LOSA DE AZOTEA
1	SUMINISTRO DE VIGUETA Y BOVEDILLA
2	APUNTALAMIENTO Y COLOCACION DE VIGUETA
3	ELEVACION Y COLOCACION DE BOVEDILLA
4	COLOCACION DE CIMBRA EN FRONTERA
5	COLOCACION DE ARMEX 12X12-4 PARA REFUERZO DE CERRAMIENTO PERIMETRAL
6	HABILITADO Y COLOCACION DE NERVIOS DE RIGIDEZ
7	HABILITADO COLOCACION DE MALLA ELECTROSOLDADA 6-6/ 10-10
8	ANCLAJE DE VARILLA TEC-60 5/16" PARA PRETIL
9	COLOCACION DE JUNTA DE CONSTRUCCION
10	COLADO ,VIBRADO Y CURADO DE CONCRETO PREMEZCLADO BOMBEADO
11	INSTALACIONES SANTITARIAS EN LOSA
12	INSTALACIONES HIDRAULICAS EN LOSA
13	INSTALACIONES ELECTRICAS EN LOSA
14	LIMPIEZA GRUESA AL FINAL DE LA ESTACIÓN
15	0704-R01 REPORTE DE PRUEBAS A INSTALACIONES (PRUEBA SANITARIA CIMENTACION Y PRUEBA HIDRAULICA CIMENTACION)
16	0702-R01 CHECKLIST PARA APROBACION DE COLADO DE LOSA DE CIMENTACION
	TESTIGOS DE CILINDROS DE CONCRETO POR LABORATORIO DE MATERIALES

*En esta estación 6; Se hizo una pequeña modificación en la tarea 10, el acabado del colado de patio debe de ser escobillado y no pulido.

Antes

	ESTACION 6.
	ESTRUCTURA PATIO DE SERVICIO
1	EXCAVACION A MANO EN CEPAS
2	CARGA Y ACARREO DE MATERIALES
3	COLOCACION DE CIMBRA FRONTERA
4	COLOCACION DE PLASTICO NEGRO EN PLATAFORMA
5	HABILITADO Y ARMADO DE MALLA 6X6 - 8/8 EN ZAPATAS
6	HABILITADO Y ARMADO DE ARMEX 12X20 - 4 EN ZAPATAS
7	HABILITADO Y ARMADO DE VARILLA TEC 60
8	HABILITADO Y ARMADO DE MALLA 6X6 - 10/10 EN ZAPATAS
9	COLOCACION DE JUNTA CONSTRUCTIVA
10	COLADO, VIBRADO Y CURADO DE CONCRETO PREMEZCLADO CON ACABADO PULIDO
11	INSTALACIONES SANTITARIAS EN CIMENTACION DE PATIO
12	INSTALACIONES HIDRAULICAS EN CIMENTACION DE PATIO
13	INSTALACIONES ELECTRICAS EN CIMENTACION DE PATIO
14	LIMPIEZA GRUESA AL FINAL DE LA ESTACION

Ahora

	ESTACION 6.
	ESTRUCTURA PATIO DE SERVICIO
1	EXCAVACION A MANO EN CEPAS
2	CARGA Y ACARREO DE MATERIALES
3	COLOCACION DE CIMBRA FRONTERA
4	COLOCACION DE PLASTICO NEGRO EN PLATAFORMA
5	HABILITADO Y ARMADO DE MALLA 6X6 - 8/8 EN ZAPATAS
6	HABILITADO Y ARMADO DE ARMEX 12X20 - 4 EN ZAPATAS
7	HABILITADO Y ARMADO DE VARILLA TEC 60
8	HABILITADO Y ARMADO DE MALLA 6X6 - 10/10 EN ZAPATAS
9	COLOCACION DE JUNTA CONSTRUCTIVA
10	COLADO, VIBRADO Y CURADO DE CONCRETO PREMEZCLADO ACABADO ESCOBILLADO
11	INSTALACIONES SANTITARIAS EN CIMENTACION DE PATIO
12	INSTALACIONES HIDRAULICAS EN CIMENTACION DE PATIO
13	INSTALACIONES ELECTRICAS EN CIMENTACION DE PATIO
14	LIMPIEZA GRUESA AL FINAL DE LA ESTACION

*En esta estación 7; Se le quitan las dos tareas de colado de firme de patio y la colocación del lavadero (Tareas 7 y 8).

Antes

	ESTACION 7.
	ALBAÑILERIIA EN PATIO DE SERVICIO
1	MURO DE BLOCK DE CONCRETO COMPLETAR A 10 HILADAS DE ALTURA
2	COLADO DE CASTILLOS AHOGADOS
3	BOQUILLA EN APLANADO DE MEZCLA
4	FORJADO DE REGISTROS SANITARIOS
5	EXCAVACION A MANO PARA FIRME DE PATIO
6	CARGA Y ACARREO DE MATERIALES
7	COLADO DE FIRME DE PATIO
8	COLOCACION DE LAVADERO
9	LIMPIEZA GRUESA AL FINAL DE LA ESTACION

Ahora

	ESTACION 7.
	ALBAÑILERIA EN PATIO DE SERVICIO
1	MURO DE BLOCK DE CONCRETO COMPLETAR A 10 HILADAS DE ALTURA
2	COLADO DE CASTILLOS AHOGADOS
3	BOQUILLA EN APLANADO DE MEZCLA
4	FORJADO DE REGISTROS SANITARIOS
5	EXCAVACION A MANO PARA FIRME DE PATIO
6	CARGA Y ACARREO DE MATERIALES
7	LIMPIEZA GRUESA AL FINAL DE LA ESTACION

*En esta estación 11; Se agregó la tarea 3 (Colado de firme de patio) ya que se terminaron las labores de repellado y el firme de patio ya no se ensuciara.

Antes

	ESTACION 11.
	ACABADOS DE PISOS Y MUROS
1	APLANADO DE YESO EN PLAFON
2	APLANADO DE YESO EN MUROS
3	COLOCACION DE AZULEJO DE 20X30CMS EN BAÑOS Y COCINA
4	SUMINISTRO Y COLOCACION DE PISO DE LOSETA CERAMICA DE 20X20CMS, ANTIDERRAPANTE
5	SUMINISTRO Y FORJADO DE ZOCLO DE 7 CMS
6	SUMINISTRO Y COLOCACION DE PISO DE LOSETA CERAMICA MARFIL BEIGE 40X40CMS
7	REMATE PARA CAMBIO DE PISO EN PUERTA PRINCIPAL Y PUERTA DE PATIO
8	CARGA Y ACARREO DE MATERIALES
9	CARGA Y ACARREO DE MATERIALES DE DESPERDICIO
10	LIMPIEZA GRUESA AL FINAL DE LA ESTACION

Ahora

	ESTACION 11.
	ACABADOS DE PISOS Y MUROS
1	APLANADO DE YESO EN PLAFON
2	APLANADO DE YESO EN MUROS
3	COLADO DE FIRME DE PATIO
4	COLOCACION DE AZULEJO DE 20X30CMS EN BAÑOS Y COCINA
5	SUMINISTRO Y COLOCACION DE PISO DE LOSETA CERAMICA DE 20X20CMS, ANTIDERRAPANTE
6	SUMINISTRO Y FORJADO DE ZOCLO DE 7 CMS
7	SUMINISTRO Y COLOCACION DE PISO DE LOSETA CERAMICA MARFIL BEIGE 40X40CMS
8	REMATE PARA CAMBIO DE PISO EN PUERTA PRINCIPAL Y PUERTA DE PATIO
9	CARGA Y ACARREO DE MATERIALES
10	CARGA Y ACARREO DE MATERIALES DE DESPERDICIO
11	LIMPIEZA GRUESA AL FINAL DE LA ESTACION

*En la estación 12; Se cambia el término forjado por acabado de registros sanitarios.

*Se agregó la Colocación de lavadero.

Antes

	ESTACION 12.
	HUELLAS Y MURETE DE ACOMETIDA
1	SUMINISTRO Y COLOCACION DE MURETE DE ACOMETIDA ELECTRICA
2	FORJADO DE REGISTROS SANITARIOS
3	EXCAVACION A MANO EN PLATAFORMA PARA LA CONSTRUCCION DE HUELLAS.
4	CARGA Y ACARREO EN CARRETILLA DE MAT. PRODUCTO DE LA EXC. A PRIMER ESTACION.(20M).
5	FORJADO Y COLADO DE HUELLAS PEATONALES Y VEHICULARES
6	LIMPIEZA GRUESA AL FINAL DE LA ESTACION

Ahora

	ESTACION 12.
	HUELLAS Y MURETE DE ACOMETIDA
1	SUMINISTRO Y COLOCACION DE MURETE DE ACOMETIDA ELECTRICA
2	ACABADO DE REGISTROS SANITARIOS
3	EXCAVACION A MANO EN PLATAFORMA PARA LA CONSTRUCCION DE HUELLAS.
4	CARGA Y ACARREO EN CARRETILLA DE MAT. PRODUCTO DE LA EXC. A PRIMER ESTACION.(20M).
5	FORJADO Y COLADO DE HUELLAS PEATONALES Y VEHICULARES
6	COLOCACION DE LAVADERO
7	LIMPIEZA GRUESA AL FINAL DE LA ESTACION

*En esta estación 13; Se cambia el material tirol en plafón por pasta en plafón debido a que es lo que actualmente se utiliza para el recubrimiento el plafón.

Antes

	ESTACION 13.
	PINTURA Y RECUBRIMIENTOS
1	TIROL EN PLAFON ACABADO PLANCHADO.
2	SUMINISTRO Y COLOCACION DE IMPERMEABILIZANTE ACRILICO,
3	SUMINISTRO Y APLICACIÓN DE PINTURA VINILICA, EN BAÑO Y COCINA
4	SUMINISTRO Y APLICACIÓN DE PINTURA VINILICA, EN FACHADA FRONTAL, POSTERIOR Y AZOTEA
5	LIMPIEZA GRUESA AL FINAL DE LA ESTACION

Ahora

	ESTACION 13.
	PINTURA Y RECUBRIMIENTOS
1	PASTA EN PLAFON ACABADO PLANCHADO.
2	SUMINISTRO Y COLOCACION DE IMPERMEABILIZANTE ACRILICO,
3	SUMINISTRO Y APLICACIÓN DE PINTURA VINILICA, EN BAÑO Y COCINA
4	SUMINISTRO Y APLICACIÓN DE PINTURA VINILICA, EN FACHADA FRONTAL, POSTERIOR Y AZOTEA
5	LIMPIEZA GRUESA AL FINAL DE LA ESTACION

*En esta estación 14; Se le agrego la tarea 5 suministro de puerta de recamara 2.

*Se hicieron modificaciones en las tareas 9, 12, 14 y 16.

Antes

	ESTACION 14.
	CANCELERIA Y PUERTAS
1	SUMINISTRO DE PUERTA PRINCIPAL
2	SUMINISTRO DE PUERTA DE PATIO DE SERVCIO
3	SUMINISTRO DE PUERTA DE BAÑO
4	SUMINISTRO DE PUERTA DE RECAMARA
5	SUMINISTRO DE VENTANA DE RECAMARA 1
6	SUMINISTRO DE VENTANA DE RECAMARA 2
7	SUMINISTRO DE VENTANA DE BAÑO
8	SUMINISTRO DE DOMO
9	SUMINISTRO E INSTALACION DE MARCO DE PUERTA PRINCIPAL
10	INSTALACION DE MARCO Y PUERTA DE PATIO
11	SUMINISTRO E INSTALACION DE MARCO DE PUERTA DE RECAMARA
12	SUMINISTRO E INSTALACION DE MARCO DE PUERTA DE BAÑO
13	INSTALACION DE VENTANA DE RECAMARA
14	INSTALACION DE VENTANA DE BAÑO
15	INSTALACION DE DOMO
	LIMPIEZA GRUESA AL FINAL DE LA ESTACION

Ahora

	ESTACION 14.
	CANCELERIA Y PUERTAS
1	SUMINISTRO DE PUERTA PRINCIPAL
2	SUMINISTRO DE PUERTA DE PATIO DE SERVCIO
3	SUMINISTRO DE PUERTA DE BAÑO
4	SUMINISTRO DE PUERTA DE RECAMARA 1
5	SUMINISTRO DE PUERTA DE RECAMARA 2
6	SUMINISTRO DE VENTANA DE RECAMARA 1
7	SUMINISTRO DE VENTANA DE RECAMARA 2
8	SUMINISTRO DE VENTANA DE BAÑO
9	SUMINISTRO DE VENTANAS DE DOMO
10	SUMINISTRO E INSTALACION DE MARCO DE PUERTA PRINCIPAL
11	INSTALACION DE MARCO Y PUERTA DE PATIO
12	SUMINISTRO E INSTALACION DE MARCOS DE PUERTAS DE RECAMARAS
13	SUMINISTRO E INSTALACION DE MARCO DE PUERTA DE BAÑO
14	INSTALACION DE VENTANAS DE RECAMARAS
15	INSTALACION DE VENTANA DE BAÑO
16	INSTALACION DE VENTANAS DE DOMO
7	LIMPIEZA GRUESA AL FINAL DE LA ESTACION

*En esta estación 16; Se agregaron las pruebas de instalaciones 2.

	ESTACION 16.
	INSTALACIONES
1	INSTALACION DE HIDRAULICA MODELO VIENA
2	INSTALACION DE SANITARIA MODELO VIENA
3	INSTALACION DE ELECTRICA MODELO VIENA
4	INSTALACION DE GAS MODELO VIENA
5	LIMPIEZA GRUESA AL FINAL DE LA ESTACION
6	0704-R01.02 REPORTE DE PRUEBAS DE INSTALACIONES 2 (INST. HID., INST. SANIT. MUEBLES)
7	0704-R01.02 REPORTE DE PRUEBAS DE INSTALACIONES 2 (INST. ELECTRICA, INST. GAS)

Conclusión

Gracias a la herramienta Diagrama de Ishikawa se han desarrollado dos propuestas que actúan directamente en la empresa, que son de suma importancia para la mejora de la empresa, Grupo Soldi, ya que si se le da seguimiento dentro de la empresa, se pueden llegar a mejorar tanto la calidad del producto final (viviendas), como la forma de trabajar internamente.

Si se desarrolla dicho plan se podrán ver resultados, satisfactorios en los cuales nos hablen de un porcentaje de mejora de calidad, una minimización de garantías en cada una de las viviendas, es decir que estas sean prácticamente nulas; También se tendrá una mejor logística de materiales y control de inventario, todo esto haciendo referencia a una mejor eficiencia como empresa, para cumplir estrictamente con la satisfacción de todos y cada uno de los clientes, para que la empresa siga creciendo y teniendo solvencia.

Reconocimiento

Agradecimiento al Ingeniero Luis Alejandro Mora Maldonado y a la Licenciada Linda Yessica Guevara Atilano por el apoyo en la elaboración del presente documento.

Referencias

- http://www.guiadelacalidad.com/modelo-efqm/mejora-continua
- https://spcgroup.com.mx/diagrama-de-ishikawa/
- https://www.gestiondeoperaciones.net/gestion-de-calidad/que-es-el-diagrama-de-ishikawa-o-diagrama-de-causa-efecto/
- http://www.euribor.es/las-5-m-un-metodo-para-solucionar-problemas/
- García C. (2008) Almacenes, Planeación, Organización y Control, México